云知识探秘科普丛书

观云识云
Guan Yun Shi Yun

戴云伟　成璐　李宁　编著

气象出版社
China Meteorological Press

图书在版编目（CIP）数据

观云识云 / 戴云伟，成璐，李宁编著. -- 北京：
气象出版社，2018.11（2024.5重印）
（云知识探秘科普丛书 / 戴云伟主编）
ISBN 978-7-5029-6835-9

Ⅰ.①观… Ⅱ.①戴… ②成… ③李… Ⅲ.①云－普及读物 Ⅳ.①P426.5-49

中国版本图书馆CIP数据核字(2018)第228373号

观云识云
Guan Yun Shi Yun

戴云伟　成璐　李宁　编著

出版发行：	气象出版社			
地　　址：	北京市海淀区中关村南大街46号　邮政编码：100081			
总 编 室：	010-68407112（总编室）　010-68408042（发行部）			
网　　址：	http://www.qxcbs.com		E-mail：	qxcbs@cma.gov.cn
责任编辑：	黄海燕　黄红丽		终　　审：	吴晓鹏
设　　计：	符　赋		责任技编：	赵相宁
印　　刷：	北京地大彩印有限公司			
开　　本：	787mm×1092mm 1/16		印　　张：	9.5
字　　数：	90千字			
版　　次：	2018年11月第1版		印　　次：	2024年5月第4次印刷
定　　价：	48.00元			

本书如存在文字不清、漏印以及缺页、倒页、脱页等，请与本社发行部联系调换

科学顾问与技术指导专家

科学顾问： 丁一汇（中国工程院院士）
　　　　　　张纪淮（中国气象科学研究院研究员）
特邀顾问： 孙　健（中国气象局公共气象服务中心主任）
　　　　　　曾鸿阳（台湾"中国文化大学"大气科学系主任）
技术指导： 何立富（中央气象台首席预报员）
　　　　　　史学丽（国家气候中心研究员）
　　　　　　李壴军（台湾玉山气象站观测员）
　　　　　　赵　勇（中国第33次南极科考队气象观测员）
　　　　　　王宪彬（中国第12次南极科考队气象观测员）
　　　　　　刘恒德（山东泰山气象站观测员）
　　　　　　王时引（山东枣庄气象局观测员）

前言

云是最常见的天气现象，雨、雪、冰雹、雷电等天气的形成都和云有着密不可分的联系。数百年来，科学家研究云，艺术家从云中寻找灵感，云已经成为丰富思想艺术的源泉，在这一点上鲜有其他自然现象可与之相比。

人类认识天气变化是从观云开始的。早在东汉时期，我国就有哲学家王充在《论衡》中指出："云雾，雨之征也。"在1820年天气图问世前的历史长河中，人类对于天气的认识和理解基本依赖于对云的观测。1896年，第一本《国际云图》问世，让云初步形成谱系，以科学的面貌呈现在世人面前。

现代，随着科技的不断进步，云的观测不再依赖于人的肉眼。计算机和人工智能技术的发展引导了气象观测技术的发展，也催生了更多观云识云的高科技手段，使得对云的观测从地面人工观测拓展到了太空卫星自动观测。气象卫星观测范围广、次数多、时效快、数据质量高，不受自然条件和地域条件限制，已远非人力目测可比。现代气象观测手段提供的丰富的云观测数据，更是成为研究天气气候、科学应对气候变化的重要依据，为更加准确地"观云识天"奠定了坚实基础，为减少气象灾害损失、保护人类安全福祉提供了可靠支撑。

2015年，我国正式取消了云的人工观测，这意味着在现代天气预报业务中，云的人工观测已经可以被雷达、卫星等高科技的自动化观测手段所代替。尽管如此，观云识云仍是气象专业人士完整掌握气象知识不可或缺的学科敲门砖。同时对于被云吸引的公众而言，观云识云既能满足自身感官上的欣赏需求，又能激发其对自然现象的探知欲望，是科普气象知识的绝佳入口。2017年，世界气象组织将世界气象日主题定为"观云识天"（Understanding Clouds.），以突出表现云在天气气候和水循环中发挥着巨大作用。

"云知识探秘科普丛书"是一部介绍云基本知识、形成机理等的科普丛书，它不仅涵盖了气象学中关于云的理论，同时也延续了"观云识天"的科普主题内容，对弘扬科学精神、传播科学思想、提升全民防灾减灾意识起到了积极推动作用。在丛书创作过程中，作者着力将天气学原理做了通俗化、形象化、趣味化处理。读者无须通晓专业理论，便能清晰地了解与人类生活息息相关的云的知识，使读者对探索专业知识的深层需求得到最大程度的满足。台湾"中国文化大学"大气科学系主任曾鸿阳给予丛书评价："作者戴云伟老师长期深耕于天气预报研究和科普推广，透过经验积累与对云的了解，完整收集了各种云的图像。经由分辨云的特征，带我们从云中探索隐藏在其间的天气密码，了解云的喜怒哀乐，更从云之欣赏中，将科学、美学融入生活。"中国气象科学研究院研究员张纪淮说："'云知识探秘科普丛书'是一套很好的书，它深入浅出地反映了作者对云分类观测的重要性和科学意义的理解。云是雨之母！它不仅是研究成云致雨过程的第一手资料，而且包含着大气运动和水循环系统的丰富信息。作者将水汽比喻为'显影剂'，并形象地提到'云是各种大气运动显影后的影像'，其比喻和描述都是很贴切的。"

丛书共分三册：《观云识云》《知云解云》和《奇云异彩》。《观云识云》介绍了云的基本常识以及气象学分类中全部29类云的基本特征，作者将纷繁复杂的云的名字总结为"记云秘笈"，并从通俗理解的角度给特征突出的云"贴"了"个性标签"，易学易记。除了用云的相片来展示各类云的基本特征外，作者还拍摄了大量云的动态视频，读者可以通过手机扫描书中的二维码，观赏各类云的变幻，清晰了解云的演变过程。《知云解云》巧妙运用云的照片和机理示意图等，再结合生活中的天气现象实例，科学梳理了云的成因及其对天气变化的预示意义。《奇云异彩》通过形象的比喻和通俗的说明，揭示了云对太阳光的散射、反射、折射、衍射等现象的本质，看云如何魅力"四射"。

值此成书之际，感谢为本丛书精心指导的顾问、专家、领导，以及提供摄影、书法、绘画等珍贵素材的老师、朋友们。感谢郭战峰、张伟民、关立友、章芳、黄蔚薇、信欣、徐晓、霍云怡、关娴、王银龙、王也、柯晓、郑文娟、欧阳翼、刘璇、阮桓辉、宋勇、祁保刚、朱亚敏、高原、张建华、刘超、张娟、张金萍、杨旸、邵鹏、刘银峰、靖兰等给予的帮助！

丛书的出版得到了中国气象局公共气象服务中心、华风气象传媒集团的鼎力支持，以及国家重点研发计划项目"服务于气候变化综合评估的地球系统模式"课题（2016YFA0602602）的资助。

由于时间仓促，本丛书还存在诸多不足，欢迎读者批评指正。

作者
2018年3月

目录

前言
云的常识 001
什么是云
云与风
感触你身边的云
云为何飘浮在空中
云与雾的区别
云的命名与分类

如何记云 013
巧记10个云属
巧记29类云

如何识云——低云 025
碎积云
淡积云
浓积云
秃积雨云
鬃积雨云
雨层云
碎雨云

层云
碎层云
蔽光层积云
透光层积云
荚状层积云
堡状层积云
积云性层积云

如何识云——中云　　079

蔽光高层云
透光高层云
蔽光高积云
透光高积云
荚状高积云
堡状高积云
积云性高积云
絮状高积云

如何识云——高云　　109

钩卷云
伪卷云
毛卷云
密卷云
薄幕卷层云
毛卷层云
卷积云

后记　　137

云的常识

什么是云

天上的云，千姿百态，变化无常。它们有的像羽毛，轻轻地飘在空中；有的像鱼鳞，一片片整整齐齐地排列着；有的像羊群，来来去去；有的像一床大棉被，严严实实地盖住天空；有的像峰峦，像河流，像雄狮，像奔马……[1]

其实，飘忽的云朵就是悬浮在大气中一个个十分微小的水滴或（和）冰晶的聚集群。这些水滴或（和）冰晶的直径一般只有几十微米，好似人的头发丝一般粗细[2]，由于它们的质量极小，可以较长时间飘浮在空中。

云与风

我们看不到大气的模样，就像我们抓不住大气中风的踪迹，可谓"风无影，水无形"。那些导致天气产生阴雨变化的风，是天气预报最直接的依据，天气预报工作就是"捕风捉影"。尽管"风无影"，但云是大气上升运动的产物，通常只要大气中的风产生了上升运动，在这些上升区就会出现云。因此，大气中的水汽扮演了空气上升运动"显影剂"的角色，上升运动让水汽有了云"影"，让无形的大气运动变得有迹可循。不同类型

---

[1] 引自《看云识天气》朱泳燚语。

[2] 人的头发丝直径约为80微米。

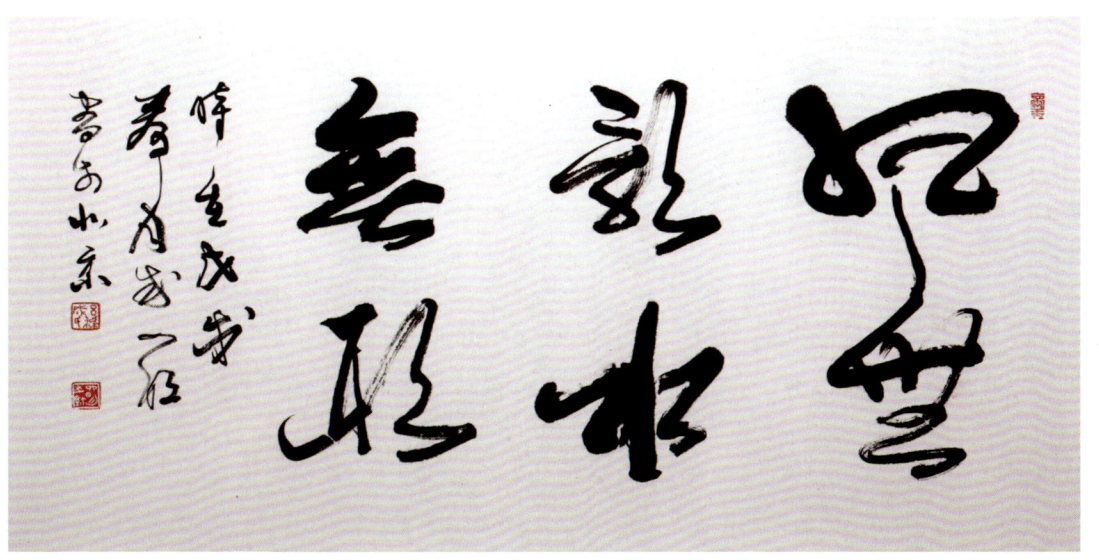

书法 风无影 水无形 成四明 / 书 边钰茗 / 摄

的云，反映着不同的大气运动形式。29类云的具体形态为天气预报提供了最原始的表象信息。

感触你身边的云

（1）水滴组成的云

开水冒出的热气、冬季嘴里哈出的雾气、地上的雾、天上的云，都由水滴组成，是水汽遇冷凝结为液态的小水滴或凝华为小冰晶，并飘浮在大气中的物理现象。①

---

① 大气中的水汽就是空气中气态的水分子，无色无味，看不到。但凡我们能看到的飘在空气中的水，都是液态的水滴或（和）固态的小冰晶。这就是雾和云的由来。

观云识云

烧水冒出的"云" 视觉中国　　　冬天，我们呼出的"云" 视觉中国

湖面腾起的"云" 视觉中国

（2）冰晶组成的云

由冰晶组成的云多飘浮在6000米以上，十分白亮透明，我们抬头就能看得到，但却无法近身感触，其实，它与造雪机喷出的冰雾十分类似，都由冰晶组成。

造雪机喷出的冰雾　视觉中国

图为造雪机喷出的冰雾，由于冰晶的个头较大，同时又缺少上升气流的悬浮作用，喷出后不久就降落到地面。

密卷云 戴云伟 / 摄

图为白亮如成团蚕丝的密卷云,其中有数不胜数的小冰晶。个头稍大一些的冰晶开始降落,如飘扬的小旗一样挂在云的下面,我们称之为云幡。

云为何飘浮在空中

一朵云远远看上去是一个整体，是飘浮在空气中的小水滴或（和）小冰晶聚集在一起而形成的，这些小水滴或（和）小冰晶被气流托举在空气中。

云的微观成分示意图　 小水滴　 小冰晶　 空气分子

如果透过放大镜来观看一朵云，就可以看到如同图例中的空气分子、小冰晶、小水滴按照不同比例混在一起。

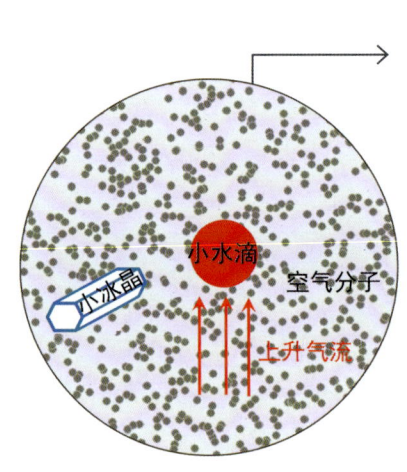

水滴、冰晶悬浮示意图　　　　"吹球球"游戏

大气中有规则的上升运动、无规则的乱流、分子的自由运动都会产生浮力，如同"吹球球"游戏中悬浮的乒乓球，在浮力的托举下，小水滴、小冰晶就可悬浮在空气中。

云与雾的区别

云和雾本质上没有什么区别。雾也是由小水滴或（和）小冰晶组成的，也是由空气中过湿的水汽在凝结核上凝聚而成。它们只是所处位置不同，与地面相接的叫雾，接触不到地面的叫云。

雾　视觉中国

云的命名与分类

人们总是习惯于通过物体的外观和颜色来认识和分辨它。自然界的云千姿百态、瞬息万变。我国的民间谚语中就有很多名词，反映了我国古代对云形态的观测和研究，如钩钩云、跑马云等。通常书中都会按照云的外形、高度等基本特征对云进行命名。

为了更科学地对云进行识别，1956年，世界气象组织根据云的高度，将其分成高云、中云、低云、直展云4个云族。鉴于特殊的地理位置和气象特征，我国关于云的分类与世界气象组织稍有区别，将直展云族并入到低云族中。本书介绍的云是根据中国气象局规定的分类方法，将云分为3族10属29类（表1）。

按照云形成的物理过程及具有的形态特征，通常又将其分为积状云、层状云和波状云3类。

表1 云的分类

云族	云属		云类	
	学名	简写	学名	简写
低云	积云	Cu	淡积云 碎积云 浓积云	Cu hum Fc Cu cong
	积雨云	Cb	秃积雨云 鬃积雨云	Cb calv Cb cap
	层积云	Sc	蔽光层积云 透光层积云 荚状层积云 堡状层积云 积云性层积云	Sc op Sc tra Sc lent Sc cast Sc cug
	层云	St	层云 碎层云	St Fs
	雨层云	Ns	雨层云 碎雨云	Ns Fn
中云	高层云	As	透光高层云 蔽光高层云	As tra As op
	高积云	Ac	蔽光高积云 透光高积云 荚状高积云 堡状高积云 积云性高积云 絮状高积云	Ac op Ac tra Ac lent Ac cast Ac cug Ac flo
高云	卷云	Ci	钩卷云 伪卷云 毛卷云 密卷云	Ci unc Ci not Ci fil Ci dens
	卷层云	Cs	毛卷层云 薄幕卷层云	Cs fil Cs nebu
	卷积云	Cc	卷积云	Cc

云的常识

如何记云

巧记10个云属

第一招：默诵五字秘诀10遍！

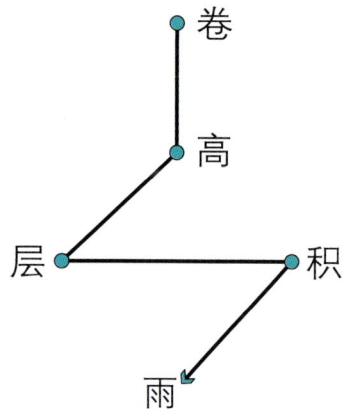

五字秘诀图：所有云的名字中都含有"卷高层积雨"五个字中的一个或两个，这五个字如同各类云的"家族"姓氏，记住了云的"姓氏"，名字也就不再拗口难记。同时，也要把这个似星座的折线图形印记到脑海中。

图为中央电视台天气预报节目主持人 管文君

专家小贴士："卷高层积雨"五字的意义

- **卷**：容易打卷，如丝如缕。
- **高**：较高的云，而不是最高的云。
- **层**：云大片成层地出现。
- **积**：积攒堆积，不断拱起。
- **雨**：雨、雪、冰雹等降水现象。

第二招：牢记五字关系图

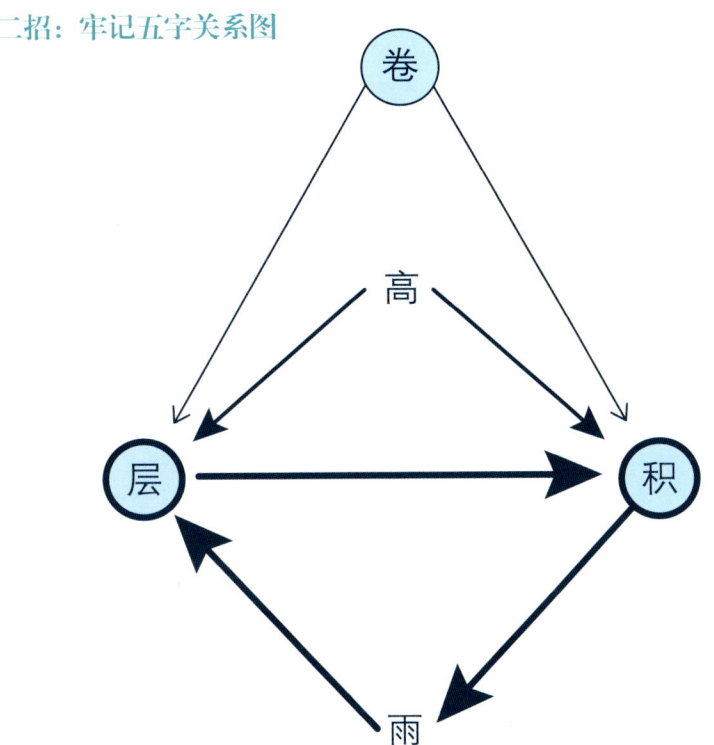

 用不同粗细的圆圈和箭头线替换五字秘诀图中的折线，构成五字关系图。从这个关系图可以看出其构成包括以下几个要素。

五个性状字：卷、高、层、积、雨。

三个圆圈。

七条箭头线。

其中，圆圈、箭头线由三个级别的（粗细）线条表示。

观云识云

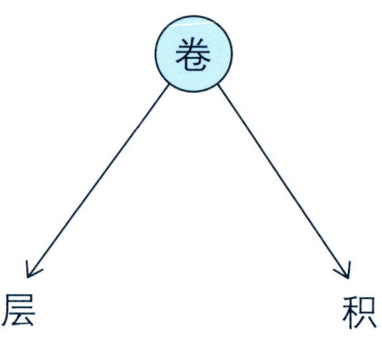

高云族关系图

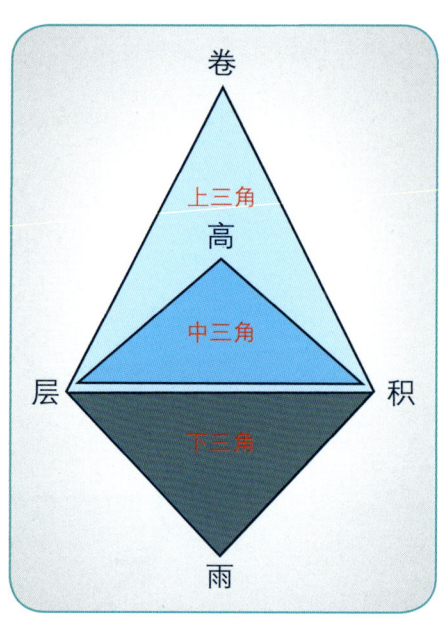

卷、层、积三个字的位置构成上三角。

① 上三角为高云族关系图。
② 三个字：卷、层、积。
③ 一个细线圆圈：圈定"卷"云。
④ 两条细箭头线。将箭头两端的字连接出"卷层"云、"卷积"云。
⑤ 细线圆圈和细箭头线代表高云族。

中云族关系图

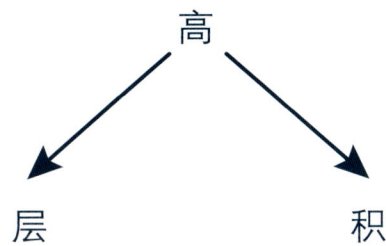

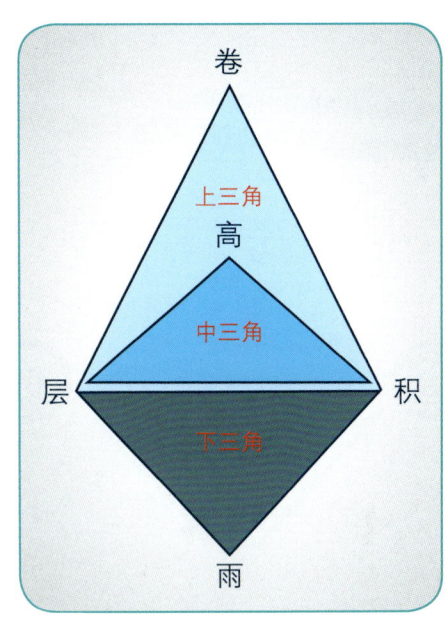

如何记云

 高、层、积三个字的位置构成中三角。

① 中三角为中云族关系图。
② 三个字：高、层、积。
③ 两条中等粗细箭头线。将箭头两端的字连接出"高层"云、"高积"云。
④ 中等粗细箭头线代表中云族。

017

低云族关系图

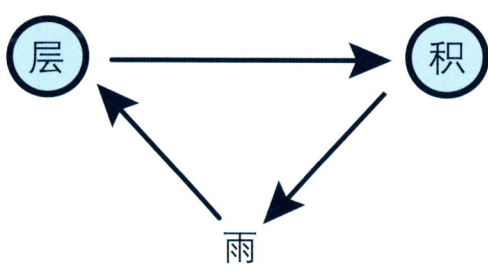

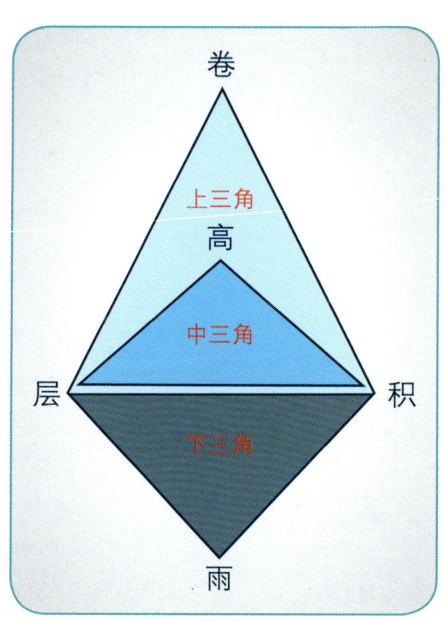

 层、积、雨三个字的位置构成下三角。

① 下三角为低云族关系图。
② 三个字：层、积、雨。
③ 两个粗线圆圈：圈定"层"云、"积"云。
④ 三条粗箭头线。将箭头两端的字连接出"层积"云、"积雨"云、"雨层"云。
⑤ 粗线圆圈和粗箭头线代表低云族。

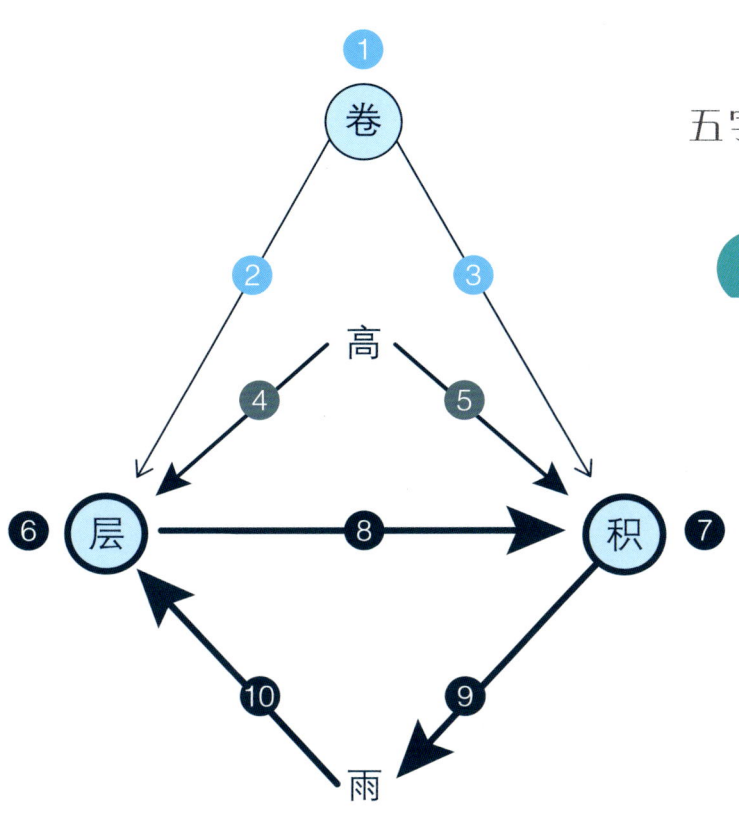

五字秘诀就这么神奇!

自己数数是不是

3族10属云

如何记云

记住10个云属就这么简单!

细箭头线和细线圆圈在上三角中连出高云族
- ① 卷云　② 卷层云　③ 卷积云

中等粗细箭头线在中三角中连出中云族
- ④ 高层云　⑤ 高积云

粗箭头线和粗线圆圈在下三角中连出低云族
- ⑥ 层云　⑦ 积云　⑧ 层积云
- ⑨ 积雨云　⑩ 雨层云

魏思静 / 绘

巧记29类云

如果想成为一名气象达人,那么就要记住29类云,接下来这副对联,会帮你记住绝大部分云。

上联"卷高层积雨"即前面讲到的五字秘诀，它可以带我们记住高云族、中云族、低云族以及它们所属的10个云属的名字。中学语文教材中《看云识天气》一文介绍的就是除了层云、层积云以外的8个云属，这篇文章曾是中学教材中很经典的说明文，通俗易懂，有兴趣的气象爱好者不妨到互联网上搜索并欣赏一下。

下联"蔽透荚堡积"用"继续"之"续"的谐音字"絮"连接，重复读一遍为"蔽透荚堡积~絮~蔽透荚堡积"。

高积云云属由对联"蔽透荚堡积（絮）"字打头

- 蔽光高积云
- 透光高积云
- 荚状高积云
- 堡状高积云
- 积云性高积云
- 絮状高积云

层积云云属由对联"蔽透荚堡积"字打头

- 蔽光层积云
- 透光层积云
- 荚状层积云
- 堡状层积云
- 积云性层积云

横联"钩伪毛密"点出了4类卷云的打头字

- 钩卷云
- 伪卷云
- 毛卷云
- 密卷云

在低云族关系三角图中添"碎"字，便可碎出3类云

- 碎层云
- 碎积云
- 碎雨云

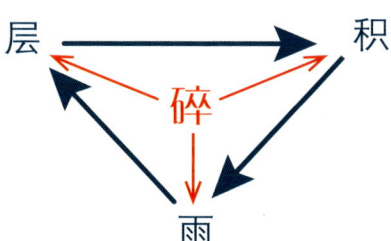

除了上述讲到的18类云的名字外，还有11类云的名字也很容易记忆。

积云：淡积云、浓积云（浓和淡）。

积雨云：秃积雨云、鬃积雨云。

高层云：蔽光高层云、透光高层云（"蔽透荚堡积"之"蔽透"，共3次用到"蔽透"）。

卷层云：薄幕卷层云、毛卷层云。

3个特殊云：层云、雨层云、卷积云既是云属名又是云类名。

(钩、伪、毛、密) 卷云

卷

薄幕卷层云 / 毛卷层云

卷积云

高

透光高层云 / 蔽光高层云

(蔽、透、荚、堡、积) 高积云

层云 层 —— (蔽、透、荚、堡、积) 层积云 —— 积 淡积云 / 浓积云

碎层云   碎积云

碎

雨层云   秃积雨云 / 鬃积雨云

碎雨云

雨

如何记云

如何识云——低云

云属	积云、积雨云、雨层云、层云、层积云
主要特点	多数低云都有可能降水,其中积雨云、雨层云是制造雨雪天气的主力。
云体构成	多数由微小水滴组成,积雨云的上部由微小冰晶组成。
云底高度	一般低于2500米。

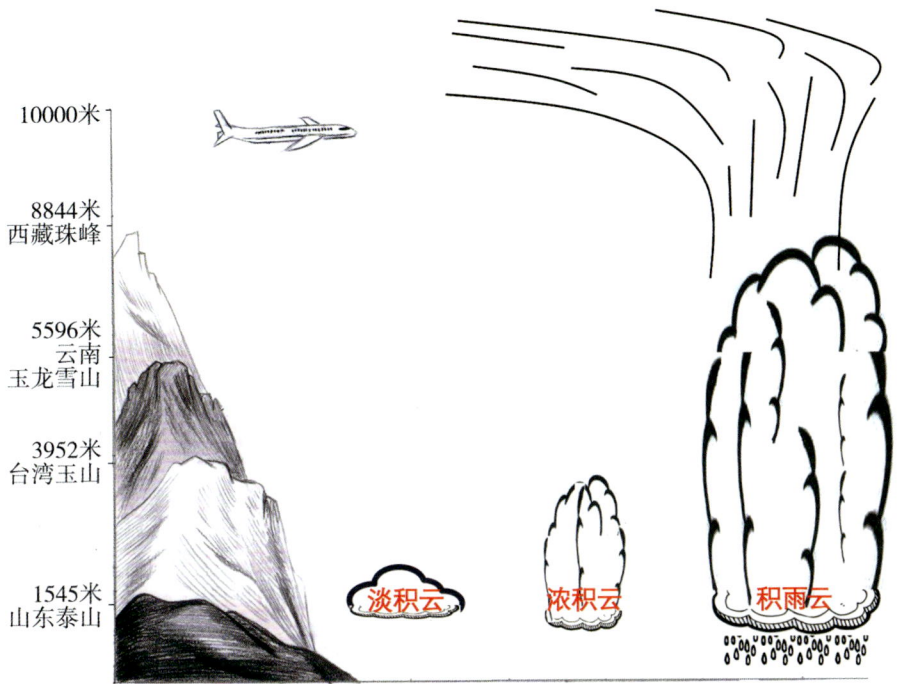

如何识云——低云

世界气象组织将积云、积雨云单列为一个直展云族,但我国将它们归于低云族。积云、积雨云是通过"燃烧"空气中的水汽获得上升的动力。每一朵积云、积雨云就像是一台内燃机,"燃烧"着水汽,释放着能量,并借助这些能量在垂直方向发展。

碎积云

扫码观云

第一印象	很碎的云，没有确定的外形，变化、飘移都很快，亮度和淡积云相似。此云如同路边的小草般十分常见，一般不会引起驻足观赏。
天气预兆	内陆地区属于"浮云"①系列，对天气预报意义不大；在沿海地区，当成群结队的碎积云不断涌来时往往预示着台风的到来。谚语有"跑马云，台风临"之说。
降水情况	个别偶尔会洒落几滴小雨。
形成原因	积云、层积云被气流破坏碎裂而成。
演变规律	由积云、层积云演变而来，也可演变为积云。
云底高度	600~1200米
所在族属	低云族、积云属
云体组成	小水滴
个性标签	"浮云"

---

① "浮云"为近年来的网络语言，并非气象学中的专用名词，下同。

碎积云　戴云伟 / 摄

　　碎积云随处可见，与淡积云相比，没有清晰的顶部和底部轮廓，外形散乱、多变。因为享有阳光，所以要比形态相同的碎雨云更加白亮。

碎积云　戴云伟 / 摄

  图中的碎积云轮廓不完整，形状多变，为白色碎块，是破碎或初生的积云。

扫码观云

 淡积云

第一印象	给人一种宁静、闲适的印象。底部平坦而稍有灰暗，顶部多弧形凸起。垂直厚度小于水平宽度。"淡"字当头，主要是说大气中对流较弱。中国神话故事里，神仙们驾云而行，乘坐的大多是淡积云。
天气预兆	多与晴天相伴，是颜值略高的"浮云"。
降水情况	极少数偶尔会洒落几滴雨、飘几片雪花。
形成原因	弱热对流形成。
演变规律	与碎积云、浓积云相互演变。
云底高度	500~1200米
所在族属	低云族、积云属
云体组成	小水滴
个性标签	"浮云" 晴天福娃

如何识云——低云

淡积云　赵勇 / 摄

图中淡积云最为常见，底部很平，灰黑色。此云相当于天气的"和平鸽"，传递着风平浪静。本图摄于我国南极中山站。

淡积云　视觉中国

  图中淡积云成群出现，蔚为壮观。每朵云体轮廓分明，底部平坦略微有点阴影，顶部有泡状凸起，水平宽度大于垂直厚度。云块孤立分散，很容易分辨。

淡积云　视觉中国

  图中淡积云很像一头昂首阔步的麒麟。好天气给人好心情，有人把形状讨喜的淡积云比喻为晴天福娃。

如何识云——低云

观云识云

淡积云　史学丽/摄

　　图中江河湖面上水汽充沛，经常可以欣赏到淡积云。淡积云变化较慢，可以有充足的时间任你留影、欣赏。

扫码观云

 浓积云

第一印象	有的像向上冒出的滚滚浓烟,有的像宝塔,有的像堆积的棉花山,一般午后在山区较为多见。浓积云多喜欢占据整个山头,发展较强的浓积云会有雷暴现象。
天气预兆	预示大气中存在不稳定因素,如果后续热力条件很足就可能产生阵雨,甚至发展成积雨云。
降水情况	发展较强的浓积云会飘些阵雨。
形成原因	由中等强度的热对流运动产生。
演变规律	与淡积云、积雨云相互演变。
云底高度	600~2000米
所在族属	低云族、积云属
云体组成	小水滴、小冰晶
个性标签	气势磅礴

如何识云——低云

浓积云　张欢/摄

　　图中浓积云在落日余晖下像一座座金山。秋天的浓积云最为漂亮，像金山、像棉垛，一般午后最多。

浓积云　视觉中国

　　图中浓积云的顶部为花椰菜外形轮廓，总是摆出一副冲天的气势。

浓积云　李壹军／摄

　　图中的浓积云已经发展到鼎盛阶段，远处的那朵浓积云的顶部已经白亮而且变得平整，这表明浓积云正在向积雨云转化。

浓积云　视觉中国

　　图中浓积云的底部和淡积云一样，很平，个体高大，顶部为泡状堆积，其垂直厚度超过水平宽度。

浓积云　戴云伟／摄

　　摄于西藏，高原上的浓积云多出现在午间前后的山头上。这种浓积云的生成和山区的地形关系很大，白天山顶温度上升快，就会在山头形成淡积云、浓积云。傍晚前后迅速消散。晚上会在谷地上空形成层积云。

浓积云　李臺军／摄

　　图中的浓积云个头很高，给人的感觉瘦弱难支。高空风很大，如果浓积云不是大面积向上发展，很难维持太久。图中的浓积云明显开始倾斜坍塌，随后会分解成碎积云。

浓积云　视觉中国

　　图中浓积云正在下雨，热对流运动旺盛的浓积云，可以产生小范围的短时阵雨。

浓积云　视觉中国

　　有时候浓积云的顶部可以抬升出小级别的层状云，如同毛巾一样裹在浓积云的顶部，称作云幞（音同"浮"）。

秃积雨云

扫码观云

第一印象	形状像高高耸起的宝塔，有山雨欲来风满楼般的气势，伴随着闪电、雷暴、狂风，黑压压地袭来，俨然一副鬼怪出没的场景。与鬃积雨云一起代表着最为恶劣的天气。积雨云是飞机必须绕行的云。
天气预兆	风雨雷电一般约半小时就会结束。
降水情况	形成雷雨甚至短时强降雨、冰雹等。天气的恶劣程度仅次于鬃积雨云。
形成原因	旺盛的热对流运动产生。
演变规律	由浓积云演变而来，可继续演变为鬃积雨云。瓦解时可演变出高层云、高积云、层积云、碎积云等。
云底高度	400~1000米
所在族属	低云族、积雨云属
云体组成	小水滴、小冰晶
个性标签	恶劣天气

秃积雨云　李毫军 / 摄

图中秃积雨云由浓积云发展而来。因为高度已经发展到了对流层的顶部，平流层的抑制作用不会再给它上升运动的空间，云的顶部平摊开来。

秃积雨云　史学丽 / 摄

图中秃积雨云随着顶部不断向上发展，云体进入到气温低于 -20℃ 的环境中。此时，云顶部的小水滴快速冻结为冰晶，云体更加白亮。

秃积雨云　视觉中国

　　图中的秃积雨云，对流垂直发展到达对流层顶部。云顶展平，并有要发展出丝缕结构的苗头，云底明暗混乱不一。如果湿热能量充足，顶部的丝缕结构就可能会"炸裂"开来，最终演变为鬃积雨云。

秃积雨云　视觉中国

　　图中秃积雨云顶部的花椰菜轮廓开始模糊，并停止了向上发展。一般来讲，各地的对流层高度不同，其高度的确定基本以积雨云可触及的平均高度为准。

扫码观云

鬃积雨云

第一印象	鬃积雨云的外观有山雨欲来风满楼般的气势，怒发冲冠直冲云霄，顶端犹若冰晶般白亮。但当你置身其中，会遭遇暴风骤雨。在各类云中，此云最为凶猛、彪悍，让生灵望而生畏。这里绝对是飞行的禁区。一朵积雨云就是一部高功率的"造雨机器"，也是一部超强功率的发电机，一般云顶为正极，云底为负极。
天气预兆	强对流处于巅峰阶段，约半小时风雨就会结束。
降水情况	形成短时强降雨、冰雹，成群的积雨云可以在短时间内降下暴雨甚至特大暴雨。
形成原因	最深厚的热力不稳定引起的对流运动形成。
演变规律	由秃积雨云演变而来，瓦解时可演变出卷云、高层云、高积云、层积云、碎积云等。
云底高度	400~1000米
所在族属	低云族、积雨云属
云体组成	小水滴、小冰晶
个性标签	最凶猛的云　　降雨云里的暴脾气 高功率的造雨云　　高功率的发电机

如何识云——低云

鬃积雨云　视觉中国

　　图中鬃积雨云外形十分像打铁用的铁砧，因此鬃积雨云又称砧状积雨云。此时天昏地暗，标志着恶劣天气已经到来。周边还有很多浓积云在发展，这是在十几千米之外远观的画面。

鬃积雨云　孙学锋／摄

　　摄于青海，展现了鬃积雨云、秃积雨云底部的形状特征。与雨层云有点类似，底部看上去都有些混乱，拍摄时有雷声。青藏高原是我国对流天气最为多发的地区，即便在冬季也会打雷下雨，甚至打雷下雪。

鬃积雨云　视觉中国

外形酷似蘑菇，这是积雨云在对流层顶被其上部看不见的"天花板"平流层阻挡后铺展开来的结果。民航飞机多选择在平流层飞行，但也不会选择从积雨云上部飞过。猛烈的上升气流会引起强烈的颠簸，导致危险。

鬃积雨云　戴云伟／摄

鬃积雨云中下部由微小水滴组成，顶部丝缕状部分由冰晶组成。图中可清晰看出两种不同结构的区别。

观云识云

本节所介绍的低云在成因上有别于前面讲到的积云、积雨云，它们都是靠"燃烧"空气中的水汽获得发展动力的。而接下来要介绍的层云多是直接冷凝形成，雨层云则是靠环境气流水平辐合，挤压中间部分上升（通常说抬升）而形成，如同塑料袋中装着水，放在桌面上，当水平包抄挤压时，中间就会产生垂直上升运动。

扫码观云

雨层云

第一印象	天是阴沉沉的天，地是湿漉漉的地，雨是没完没了的雨。万物因之而失去光泽，阴郁的氛围让人百无聊赖、无所适从。闲暇时，好多人会选择在这种天气睡觉、打牌来打发时间。凭直觉可以判断，这时的天空布满了雨层云。
天气预兆	多是连绵不绝的细雨，一时半会雨雪难停，短则大半天，长则三五日。
降水情况	可形成连续性雨雪，表现平缓，但往往耐力十足。短时间内雨量不大，可以降下小到中雨，但有时雨量也不容小觑，24小时累加起来甚至可以达到大雨或暴雨的量级。
形成原因	暖湿气团和冷气团相遇，缓慢爬升形成的云（气象学上称之为锋面抬升）。
演变规律	多数由高层云演变而来，少数由蔽光高积云、蔽光层积云演变而来。
云底高度	600~2000米
所在族属	低云族、雨层云属
云体组成	小水滴、小冰晶
个性标签	降水云里的慢性子

如何识云——低云

047

雨层云　霍云怡 / 摄

　　雨层云笼罩在苍茫的大海上，完全遮蔽日月，天空呈暗灰色。云层的底部因常常伴有飘忽如烟的碎雨云，雨层云底部会呈现出明暗不同的变化。

雨层云　戴云伟 / 摄

　　雨层云笼罩下繁华的都市灰蒙蒙一片，冬季的雨层云底部颜色比较均匀，拍此图时正在降雨，看上去雨和云似乎都很难分清。

雨层云　视觉中国

　　图中雨层云遮蔽了整个天空，天地间一片昏沉。雨层云与积雨云同为制造降水的主力军，但没有积雨云那种来势汹汹的阵仗。雨层云相对于积雨云，有着很好的耐力，就像《岳阳楼记》中所说的那样："淫雨霏霏，连月不开。"

雨层云 视觉中国

图中雨层云的云底很低。因云层下端多雨幡(是指雨点降落到地面之前,在空中就蒸发了,看上去就像经幡一样悬挂在云底)、碎雨云、空气乱流等,常常会造成云底混乱,不像淡积云的底端那样平整清晰。

碎雨云

扫码观云

第一印象	阴雨天气里，在雨层云、积雨云、蔽光高层云下，常常散乱地游荡着一些灰黑色的"浮云"。零散破碎，形状多变，移动较快。
天气预兆	对天气预报没有太多预报意义的"浮云"。
降水情况	可能会飘点小雨。
形成原因	雨层云、积雨云、蔽光高层云产生的降水蒸发后，在大气乱流作用下水汽再次凝结而成。
演变规律	由雨层云下生成，有可能会消散，也可能会融入雨层云中。
云底高度	600~2000米
所在族属	低云族、雨层云属
云体组成	小水滴
个性标签	降水云下的"跟屁虫"

如何识云——低云

碎雨云　史学丽／摄

　　图中的碎雨云像飘浮在城市上空的烟雾，颜色灰暗。拍摄时正在下雨，远处的碎雨云与地面的雨雾连成一体，让整座城市笼罩在烟雨蒙蒙之中。

碎雨云　宋迎春／摄

　　图中的碎雨云游荡在雨层云的下面，飘忽不定，移动很快。之所以颜色灰黑，是因为碎雨云上有深厚的雨层云遮蔽了阳光。假如雨层云能突然消失，那么碎雨云看上去就会和碎积云一样阳光灿烂，通体白亮。当然这种假设是不存在的，因为碎雨云永远只是位于降水云层下方的附属品。

碎雨云　宋迎春／摄

　　图中的碎雨云略显平淡。此时降雨已停，碎雨云也在逐渐消散。

碎雨云　史学丽／摄

　　图中的碎雨云摄于冬季的江南地区，当时正在飘落雨夹雪。冬季的碎雨云没有夏季那么清晰，但仍隐约可见。

层云

观云识云

第一印象	在山下看是绕着山的云，登山深入其中又认为它是雾。层云很像雾，只是不和地面接触，是低而均匀、灰白色的云幕。远看像绕山的玉带，和碎层云一样，都是云家族中最低的云，有时离地只有几十米，高的时候也只有几百米。
天气预兆	预示着大气静稳，天气相对平静。
降水情况	极少数会飘洒毛毛细雨或者细小雪花。
形成原因	乱流混合或夜间冷却作用形成，也可由雾抬升形成。
演变规律	雾、层积云均可演变为层云，层云可演变为碎层云。
云底高度	50~800米
所在族属	低云族、层云属
云体组成	小水滴
个性标签	最仙儿的云

层云　视觉中国

"荡胸生层云，决眦入归鸟。"层云与后面介绍的碎层云是各种云中高度最低的云，给人的感觉好似触手可及。山区最为常见，常常像玉带一样缠绕着，让山体若隐若现，充满着诗情画意。

层云 视觉中国

图中的层云远远看去,就像仙境中的一条条玉带。

层云 视觉中国

图中的层云较厚,结构均匀,底部很平。远远看去就像腾起的雾。

层云 视觉中国

图中山腰处的白色长条状的云为层云，近处一朵朵散乱飘浮的云是碎层云。

层云 视觉中国

图中山腰处的白色云带为层云，前文提到，层云与碎层云是高度最低的云，有时候云底高度只有几十米。这样的风景如梦似幻，但却是大自然最真实的存在。

层云　视觉中国

　　图中的层云很厚实，底部很平，云体均匀，顶部略有些起伏，好似大自然给美丽风景添上了浓墨重彩的一笔。

扫码观云

碎层云

第一印象	一种很零碎的层云，山区最为常见，好像附着在山体上的一团雾气。这种云给山体披上一层浪漫，文人称之为"山岚"，在诗词歌赋中经常看到。和层云一样，都是云家族中最低的云。
天气预兆	多预示着晴天。
降水情况	无降水。
形成原因	层云在逐渐消散过程中或雾抬升中因大气扰动而形成碎层云。
演变规律	层云可演变为碎层云。
云底高度	50~800米
所在族属	低云族、层云属
云体组成	小水滴
个性标签	最飘逸的云

如何识云——低云

碎层云　李壹军 / 摄

　　图中的碎层云支离破碎，有袅袅身姿，似动非动。碎层云是所有云中高度最低的云之一，此图中的云，离地也就一棵树的距离，很"接地气"。

碎层云　戴云伟 / 摄

　　图中的碎层云，外形很像碎积云。如果仅从外形上看，碎层云、碎雨云、碎积云区别不大，只是碎积云能沾上阳光而显灿烂，颜色更为白亮。

扫码观云

蔽光层积云

第一印象	不下雨的阴天,天空中总有一些厚重的云层,低压压地存在着。有时候可以遮蔽日月,有时候只是黑压压的一片。云体暗灰色,从云底看过去有粗线条的波纹或起伏等。常会转变为雨层云。
天气预兆	是即将降雨的前兆。
降水情况	这种云可能会带来弱的降水,如果转化成雨层云,则会出现持续的降水。
形成原因	大气中的波状运动或波动与乱流混合作用而形成。
演变规律	可以与高层云、雨层云相互演变。
云底高度	600~2500米
所在族属	低云族、层积云属
云体组成	小水滴
个性标签	布雨使者

如何识云——低云

蔽光层积云　赵勇 / 摄

　　南极的层积云比中低纬地区要低沉很多，图中远处云层底部有明显的波状纹理。

蔽光层积云　戴云伟 / 摄

　　图为作者2017年10月考察雅鲁藏布大峡谷期间拍摄，雅鲁藏布大峡谷是水汽从印度洋输往青藏高原的重要通道。由于地形复杂，大峡谷内的云可谓变幻莫测，这里不愧为观云赏云的好去处。

蔽光层积云　戴云伟 / 摄

如何识云——低云

　　蔽光层积云布满全天，云体厚薄不均，会形成块状或条状的结构。由于近地面大气乱流往往比较活跃，会干扰云层底部的形态，所以有时层积云底部的纹理并不是很明显。此图片中的层积云近处的底部以块状为主，远处的底部有明显的波状起伏。

蔽光层积云　视觉中国

　　蔽光层积云布满全天，并清晰地呈现了大气中空气的波动。灰黑处为波峰，灰白处为波谷。因大气乱流弱于陆地，海上的层积云要比陆地上空的云纹理更明晰。

蔽光层积云　视觉中国

　　图中云层较厚，加上外形的诡异，这种蔽光层积云常常会给人带来压抑的感觉，甚至让人恐惧。

透光层积云

扫码观云

第一印象	在低空出现的似乎有规律分布的块状、长条状的云。云块间的空隙较大一些,组织较为松散,厚度较易变化,阳光通过缝隙透射时,云的边缘会很光亮。
天气预兆	天气由阴逐渐转晴的标志。
降水情况	多无降水,个别会洒落几滴雨点。
形成原因	低空的气流波动与乱流形成。
演变规律	可以与蔽光层积云相互演变。
云底高度	600~2500米
所在族属	低云族、层积云属
云体组成	小水滴
个性标签	高颜值的云

如何识云——低云

透光层积云　史学丽／摄

　　图中的透光层积云顶部有不太明显的泡状结构，因云体处在低空，受大气乱流影响，云体底部也显现出明显的凹凸感。

透光层积云　史学丽／摄

　　图中的透光层积云由云块、云条组成，云缝间可以看见蓝天。颜值次于透光高积云，是摄影爱好者常常关注的云。如果再配上霞光，则更为绚烂。

透光层积云　霍云怡 / 摄

　　透光层积云有时候容易与连成一片的淡积云混淆。但仔细对比两者的底部和顶部会发现明显不同。透光层积云云顶也有凹凸感，但没有淡积云云顶拱得那么突出，云底也没有淡积云那么平坦。

透光层积云　赵勇 / 摄

　　图为正在衰弱的透光层积云，有些地方已经解体为碎积云。因为高度很低，在能见度较好时，它总是一副胖乎乎的样子，憨态可掬。

荚状层积云

扫码观云

第一印象	充满科幻色彩的云，其形状有的像豆荚，有的像飞梭，有的像飞碟。由于"造型"奇特，常常容易引起人们驻足围观。
天气预兆	多数情况下是天气转晴的明确信号。
降水情况	不会有降水。
形成原因	低空中大气的波动与涡旋共同作用而成。
演变规律	透光层积云在地形的扰动下可以演变生成。
云底高度	600~2500米
所在族属	低云族、层积云属
云体组成	小水滴
个性标签	外号"UFO"[1]

---

[1] UFO：不明飞行物，下同。

如何识云——低云

荚状层积云 视觉中国

图中的荚状层积云高度很低,仿佛登上前面的山体就触手可及。荚状层积云一般是由于地形变化导致低空气流产生波动而形成的云,形状酷似豆荚。如果再有涡旋气流的参与,云型便有了图中的圆盘状外形,好似飞行旋转的UFO。

荚状层积云 视觉中国

图摄于北京国家大剧院附近,在落日余晖的映衬下,充满了科幻片的神秘色彩。

荚状层积云 朱艳平 / 摄

图中的荚状层积云摄于中国气象局大院。叠加涡旋结构的荚状层积云要比仅有波状的云更为动感,更富有魅力。

堡状层积云

第一印象	远远看上去好像一段长城城墙上的垛口，又像细长云块上长出了一朵朵小蘑菇。底部凹凸不平，顶部凸起有垂直发展的趋势。
天气预兆	雷雨天气的前兆，如果早上出现堡状层积云，则午后有可能打雷下雨。与"堡状高积云"意义相同，有谚语"天上城堡云，地上雷雨淋"。
降水情况	此云本身不会有降水。
形成原因	由大气波动与热对流的共同作用形成。
演变规律	由透光层积云演变而来，并可能演变为积雨云。
云底高度	600~2500米
所在族属	低云族、层积云属
云体组成	小水滴
个性标签	预兆"大神"

如何识云——低云

堡状层积云　吕伟涛 / 摄

　　图中的透光层积云上端已经开始冒出如城堡状的积状云体。这表示云层下的低空有累积的湿热能量，这种不稳定能量往往在午后被加强，就可能出现打雷下雨，甚至大风、冰雹等对流性天气。

堡状层积云　李臺军 / 摄

　　图中堡状层积云上已经"冒出"浓积云，因接近傍晚，热量供给不足，云体变得瘦弱并倾斜坍塌。傍晚出现的堡状层积云，多为过眼云烟，不会带来降水，让人虚惊一场。

堡状层积云　霍云怡／摄

　　图中透光层积云的上部开始鼓起泡状云，这是正在发展中的堡状层积云。

堡状层积云　视觉中国

　　图中远处接近海平面的云即为堡状层积云，这种云是在波状的层积云上演变而来的。海上湿热条件好，比陆地上更容易形成堡状层积云。

如何识云——低云

积云性层积云

扫码观云

第一印象	与透光层积云有点类似，也会体现出气流的波状。由于是从积状云演变而来的，所以顶部也具有积云凹凸不平的特征。积云性层积云是五类层积云中的另类，此类云的出现表示对流天气开始烟消云散，天气重归旧好。在一天当中傍晚最容易出现该类云。
天气预兆	它的出现一般表示大气热对流运动减弱，天气逐渐回归平静。
降水情况	多无降水，个别会飘落些许雨点。
形成原因	积云、积雨云垂直发展能量有限，在低空平铺展开而成。
演变规律	由浓积云或积雨云演变而来，一般远处尚可看到积云状的云。
云底高度	600~2500米
所在族属	低云族、层积云属
云体组成	小水滴
个性标签	"冒牌"层积云

积云性层积云　戴云伟 / 摄

　　积云性层积云是积状云消散后演变成的,说明大气层稳定,一到夜间云就散去,这是晴天的预兆。图中渐进傍晚,在霞光的映衬下,略带"羞涩"的积云性层积云的云块正在渐渐衰弱变小。

积云性层积云　戴云伟 / 摄

在渐进傍晚时,大气趋于稳定。浓积云向上发展受到抑制,在低空平铺,然后便形成灰黑、块状的积云性层积云。

积云性层积云　成璐 / 摄

　　图中的积云性层积云有点貌似透光层积云。两种云外观区别不大，容易混淆。不过，积云性层积云由积雨云或浓积云演变而来，而透光层积云是由大气的波状运动形成。

积云性层积云　霍云怡 / 摄

　　图为台风外围的积云性层积云。在台风到来前，首先看到的是蜂拥而来的碎积云（即我们前面提到的"跑马云"），紧接着看到的就是图中飘移而来的积云性层积云，这意味着台风正在靠近。

如何识云——中云

观云识云

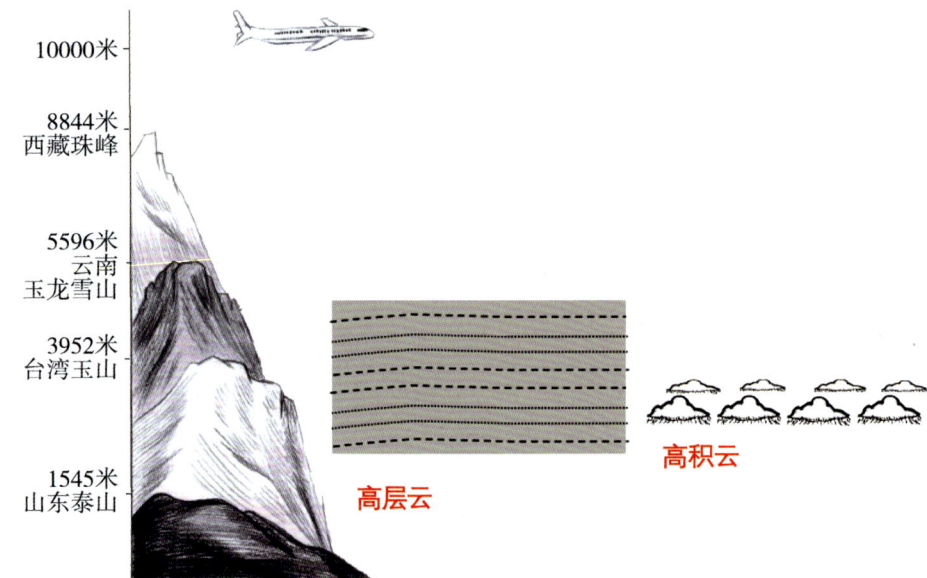

云属	高层云、高积云
主要特点	高层云可以产生弱的雨雪，高积云只是偶尔会飘落些弱的雨雪。中云族明明都出现在对流层的中下部，不是最高的云，但是名字里却都有个"高"字，这让不少人迷惑。不过业内对这样的约定俗成已经熟练掌握。这里的"高"字可以理解为"较高"之意。
云体构成	微小水滴、微小冰晶组成。
云底高度	一般位于2500~5000米。

蔽光高层云

扫码观云

第一印象	典型的阴天制造者。此云密布时,天空阴沉沉的,完全遮蔽太阳、月亮。在演变时,紧接其后的往往是雨层云,两者除了云底高度和厚度不同外,在组成和成因上完全一样。厚度一般为1000~3000米。可以择机实施人工增雨作业。
天气预兆	预示着雨雪天气即将或正在开始,当水汽不足时,此云多是匆匆过客,只是象征性地阴一下天。如果水汽供应充足可演变为雨层云,产生小到中雨。
降水情况	可以出现中等量级的降水。
形成原因	大范围暖湿空气缓慢上升而形成。
演变规律	由透光高层云演变而来,之后可能加厚,演变为雨层云。
云底高度	2500~4500米
所在族属	中云族、高层云属
云体组成	微小水滴、小冰晶
个性标签	遮天蔽日

如何识云——中云

蔽光高层云　戴云伟 / 摄

　　蔽光高层云笼罩，天空阴暗，往往让人有压抑感。如果水汽补给不足就不会有降水。此图拍摄当天无降水。

蔽光高层云　戴云伟 / 摄

　　天空阴沉，云层均匀。此时若东风或南风强劲，水汽供应充足，蔽光高层云笼罩后的12小时内往往会有降雨，并有可能加厚为雨层云。此图拍摄后约6小时，云层就开始加厚，降下小雨。

透光高层云

第一印象	阴天啦!透光高层云出现的时候,人们会说"变天了!"这类云不能完全遮蔽日月,是厚度较薄的阴云。它会让日月的轮廓有些模糊,光芒锐减,地上物体也会因此而失去影子。
天气预兆	意味着一次变天的开始,应该引起对是否有雨(雪)、冷空气到来的关注。
降水情况	一般无降水。
形成原因	大范围暖湿气流缓慢上升形成。
演变规律	由卷层云演变而来,之后可能演变出蔽光高层云。
云底高度	2500~4500米
所在族属	中云族、高层云属
云体组成	小水滴、小冰晶
个性标签	变天的最直接信号

如何识云——中云

透光高层云　李臺军 / 摄

两张图都摄于台湾玉山气象站,其上部均为透光高层云,下部为层积云。玉山主峰海拔3952米,高度一般处于高层云之下,层积云(俗称"云海")之上。台湾玉山气象站海拔3858米,身处此处比较容易拍摄到透光高层云。

透光高层云 戴云伟 / 摄

摄于中国气象局大院。透过云层可以看到太阳的位置,但云层已经挡住了大部分阳光,地上的物体没有影子。

蔽光高积云

扫码观云

第一印象	云体厚而密集，云块彼此相连，布满天空，遮蔽日月。云层底部的明暗纹理，有的似波浪，有的呈块状。与成因和纹理相似的蔽光层积云相比，不只云底高度不同，也因为高空大气扰动弱，所以纹理相对更加有序。
天气预兆	当该云不断加厚时，预示着雨雪将要到来。
降水情况	可能产生微量的雨雪。
形成原因	高层云在气流波动下形成。
演变规律	由蔽光高层云演变而来，可以演变为透光高积云。
云底高度	2500~4500米
所在族属	中云族、高层云属
云体组成	小水滴、小冰晶
个性标签	爱虚张声势的阴云

蔽光高积云　刘恒德 / 摄

图中右上部为蔽光高积云，下部为层积云（俗称"云海奇观"），蔽光高积云的底部有明显的波浪起伏，呈现了大气中存在波状气流。与透光高积云最明显的区别是，波峰、波谷都有云，都不透明。摄于泰山日观峰气象站。

蔽光高积云　刘恒德 / 摄

摄于泰山日观峰气象站。远处低空有透光层积云，上部为蔽光高积云，云底的波浪纹理被空气的乱流干扰，不如上图蔽光高积云的底部波浪起伏明晰。

透光高积云

扫码观云

第一印象	云体比较薄,由于大气不同方向波动的相互干涉,再加上云体的飘移,有时呈现分散的块状,有时有明显的波状。当月亮、太阳恰好位于云块后面时,云块上常常会披上多彩的"月华""日华"。透光高积云与透光层积云相比只是高度不同而已。因为透光高积云高度更高,云块看上去要小一些,也更规则一些。
天气预兆	多是天气系统对本地影响即将结束的标志,之后将是艳阳高照,谚语"瓦块云,晒死人"说的就是呈块状的透光高积云。
降水情况	没有降水。
形成原因	如水波一样的大气波动形成。
演变规律	由高层云叠加波动演变而来,可以与蔽光高积云间相互演变。
云底高度	2500~4500米
所在族属	中云族、高积云属
云体组成	微小水滴、小冰晶
个性标签	摄影者的最爱　　晴天大使

透光高积云　赵勇 / 摄

摄于南极中山站。图中清晰地呈现了大气中空气的波状运动。与蔽光高积云最明显的区别是，波峰处有云，波谷处透明。

透光高积云 视觉中国

图中的云是典型的透光高积云。由于大气中两列向不同方向传播的空气波动相互干涉,透光高积云呈现出网格状、瓦块状。

透光高积云　李臺军 / 摄

　　图为台湾玉山气象观测站拍到的透光高积云，也称为"瓦块云"。正如前面提到的谚语"瓦块云，晒死人"，出现这种云，意味着未来24小时天气晴好。本图拍摄者李臺军，为了气象观测，翻山越岭于我国东部海拔最高的气象观测站——台湾玉山气象观测站30余年，在当地被誉为"玉山骆驼"。

透光高积云　戴云伟 / 摄

　　图中的透光高积云，多与传说中的"地震云"类似，形如长蛇、草绳。但目前还没有确凿的科学证据能证明地震与我们看到的云之间有必然的关系。

透光高积云　赵勇／摄

　　图中透光高积云正处于消退阶段，与最初整齐排列的波状明显不同。在演变过程中，云形会不断变化，条状可能会变成块状，成排的云块也可能慢慢变得凌乱。

透光高积云　赵勇／摄

　　图中透光高积云的分布很规则，场景十分壮观。长条状的云布满整个天空，像一道道横梁搭建在天上。

荚状高积云

扫码观云

第一印象	云型格外引人注目，有时像豆荚，有时像织布的飞梭，有时像传说中的UFO。可出现在天气系统的前沿和尾部。
天气预兆	变天前出现荚状高积云预兆着阴雨将至，冷空气过后出现荚状高积云则预示晴天已经到来。
降水情况	没有降水。
形成原因	地形变化对气流产生波动，导致局部气流上下汇合而产生。
演变规律	由透光高积云演变而来。
云底高度	2500~4500米
所在族属	中云族、高积云属
云体组成	微小水滴、小冰晶
个性标签	神秘

如何识云——中云

荚状高积云　视觉中国

　　因为形状极富于科幻色彩，荚状高积云可谓是高积云中最吸引眼球的云。图中近处的云有涡旋状，远处山顶的云呈梭状。

荚状高积云　戴云伟 / 摄

　　每当天气系统过境时，低空被冷空气占据，处在太行山脉东部的北京上空也经常会看到这种形似飞碟的荚状高积云。此图中最为白亮的那朵荚状高积云，因为有空气涡旋的存在，就像旋转着的飞碟一样，动感十足。

荚状高积云　李国平 / 摄

　　图中外形呈梭状或豆荚状的云即为荚状高积云。图的下半部分为不太规整的层积云，由于层积云的高度比较低，常常会受到低空乱流的影响，相对于造型很好的荚状高积云略显凌乱。

荚状高积云　戴云伟／摄

　　荚状高积云属于高积云的一种，所以有时候透光高积云的特征也十分明显。此图摄于中国科学院大气物理研究所，荚状高积云不断向高处延伸，在高空的部分已经演变出卷云的特征。图中矗立最高的铁塔是中国科学院大气物理研究所的气象观测塔。探测塔正上方，图片正中顶部的云，已经演变成卷云。

荚状高积云　视觉中国

　　图中荚状高积云有时候也会结伴儿出现。当气流经过复杂地形后，往往会在气流下游激发出多个荚状高积云，这预示着冷空气前锋已经过境，晴空已经到来。

荚状高积云　戴云伟/摄

　　荚状高积云的形状有时候也会被气流扭成各种形状。图中的荚状高积云就酷似"西葫芦瓜"，"瓜"顶端的那朵"碎积云"，就像花一样点缀在"瓜"上。但实际上，它们俩却至少相隔千米。由于二者高度、移动速度都不同，几分钟后就很难再捕捉到这种造型了。

堡状高积云

第一印象	疙疙瘩瘩的条状云，形状成因与前面介绍过的堡状层积云酷似。只是因为此云高度过高，"堡状"不太突出，表现为云条的上部有锯齿状的凸起，稍微明显一些的像横木上长出了朵朵蘑菇。堡状高积云与堡状层积云相比，云条较窄，顶部凸起不明显。
天气预兆	预示着高空大气的不稳定，是雷雨天气的前兆，农谚有"城堡云淋死人"的说法。
降水情况	此云本身不会有降水。
形成原因	大气低层过多的湿热能量被逆温层压抑，产生小范围的对流而形成的云。
演变规律	透光高积云演变而来。
云底高度	2500~4500米
所在族属	中云族、高积云属
云体组成	微小水滴
个性标签	"大神级"征兆云

堡状高积云　视觉中国

乍一看，以为这是透光高积云，但仔细观察就会发现云的顶部多了些对流引起的积状云。这样的凸起表明对流层中部的大气结构开始出现不稳定。

堡状高积云　李臺军 / 摄

图中白条状的高积云上鼓出了锯齿状的凸起。摄于台湾玉山气象站。

如何识云——中云

堡状高积云　李臺军 / 摄

　　图中的堡状高积云对预报对流天气即将出现有一定的参考意义。但雷雨天气是否能真的到来，还要结合其他指标（例如水汽等热力条件），并且一定要持续关注此云的发展动态，切忌照本宣科。摄于台湾玉山气象站。

堡状高积云　史学丽／摄

　　有谚语"城堡云，雨必临"，图中的堡状高积云就没有履约。在此图拍摄不久后，堡状高积云就渐渐隐去，天气依然晴好。根据云的征兆来预报天气要具体情况具体分析。

扫码观云

积云性高积云

第一印象	远看，积云性高积云像一个扇面，从底部向高空展开。这种云，夏季出现得最多。我们前面讲到的"积云性层积云"，和它好似同胞兄弟，只是高度不同。积云性高积云的云块往往大小不一致，云底较平，呈灰色，顶部仍有小的凸起，排列不大整齐。外形略有积云的特征，透过云隙可以看见天空。
天气预兆	大气趋于稳定，天气将晴好。
降水情况	一般无降水。
形成原因	热对流失去向上的发展动力后，云体水平铺展开来。成因与积云性层积云类似。
演变规律	由浓积云、积雨云演变而来。
云底高度	2500~4500米
所在族属	中云族、高积云属
云体组成	小水滴、小冰晶
个性标签	"另有来路"的高积云

积云性高积云　视觉中国

　　图中扇面状的云中部为积云性高积云，顶部的云已经开始向卷积云演变。

积云性高积云　戴云伟／摄

　　图中上部的云为积云性高积云，其下部的云还残留着一些积云的特征。

积云性高积云　戴云伟 / 摄

　　傍晚前后通常是大气热力条件不足的时候,积云发展会受到抑制而平铺成如图所示的积云性高积云。

絮状高积云

扫码观云

第一印象	絮状高积云因形如棉絮而得名。朵朵白云常成群、成行、成波状平铺在天空中，边缘模糊，个体破碎。絮状高积云出现时，高空大气多乱流，不稳定。飞机高空飞行遇到这种云会出现颠簸。
天气预兆	高空乱流强烈，是雷雨天气的前兆，有谚语说"朝有絮状云，午后雨淋淋"。
降水情况	此云本身不会有降水。
形成原因	絮状高积云的上方是稳定层，其下蓄积的能量导致大气多乱流而发展形成此云。如果午后再有热力条件继续堆积的现象出现，就会形成对流天气。
演变规律	部分由透光高积云演变而来，可以演变为卷积云。
云底高度	2500~4500米
所在族属	中云族、高积云属
云体组成	微小水滴
个性标签	"大神级"征兆云

如何识云——中云

絮状高积云　李憙军 / 摄

　　图为典型的絮状高积云，有云的地方说明这里的气流有弱的上升运动，透亮的地方说明这里的气流有下沉运动。从云块的散乱分布就可以发现此时的大气乱流特征很明显。

絮状高积云　戴云伟 / 摄

　　图中下部有些波浪结构的云，上部则因为大气乱流主导，高积云的絮状特征很明显。早晨出现的絮状高积云，往往对雷雨出现预示性较大，所以谚语中有"朝有絮状云，午后雨淋淋"的说法。

絮状高积云　霍云怡／摄

　　图中絮状高积云主要由小水滴组成，因高度较高，云体内部也有些小冰晶。

絮状高积云　视觉中国

　　图中絮状高积云的云块呈白色，大小不一，边缘破碎，就好像一朵朵棉絮。

如何识云——高云

观云识云

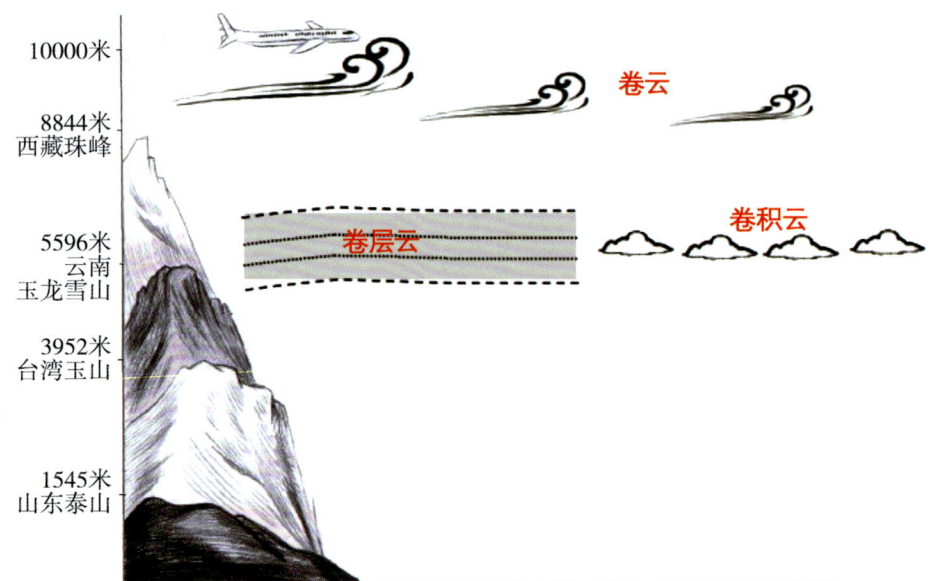

云属	卷云、卷层云、卷积云
主要特点	基本无降水，高云家族是天气系统的前哨，多有明显的预报意义。有高云未必一定有风雨，但风雨来临前一般会出现高云。高云明明是对流层中最高的云族，但是名字中却都没有"高"字。"高"的名头，已经被中云家族抢走。好在每一种高云都有一个"卷"字，巧妙地勾勒出了真正的高云家族爱打卷、千丝万缕的形态。除伪卷云外，高云多为大型天气系统的外围云，因此可以视为天气系统即将影响本地的前兆。
云体构成	微小冰晶（有六棱柱状、片状、星状、针状等）。
云底高度	一般在5000米以上。

钩卷云

第一印象	形状像"弯钩",但视觉上显得很柔美、飘逸,透亮洁白。有时候,"弯钩"平行排列,下面拖着长长的尾巴;有时候短小精悍,很像逗点符号。文化艺术中祥云的灵感多来自钩卷云。
天气预兆	一般在钩卷云出现后约12小时,本地就会是冷暖空气交汇的战场,即气象学上常说的锋面。此时,若低空水汽充沛,"天上钩钩云,地上雨淋淋"的谚语就会得到应验。
降水情况	没有降水。
形成原因	高空对流形成冰晶成分的云,冰晶在下落过程中因各层风力不同拖曳而成。
演变规律	多由小的块状密卷云演变而来。
云底高度	4500~10000米
所在族属	高云族、卷云属
云体组成	小冰晶
个性标签	"大神级"征兆云

如何识云——高云

钩卷云　视觉中国

　　图中的钩卷云，由密卷云演变而来，丝缕结构明显，纤细洁白。这种云出现说明高空的风很大。

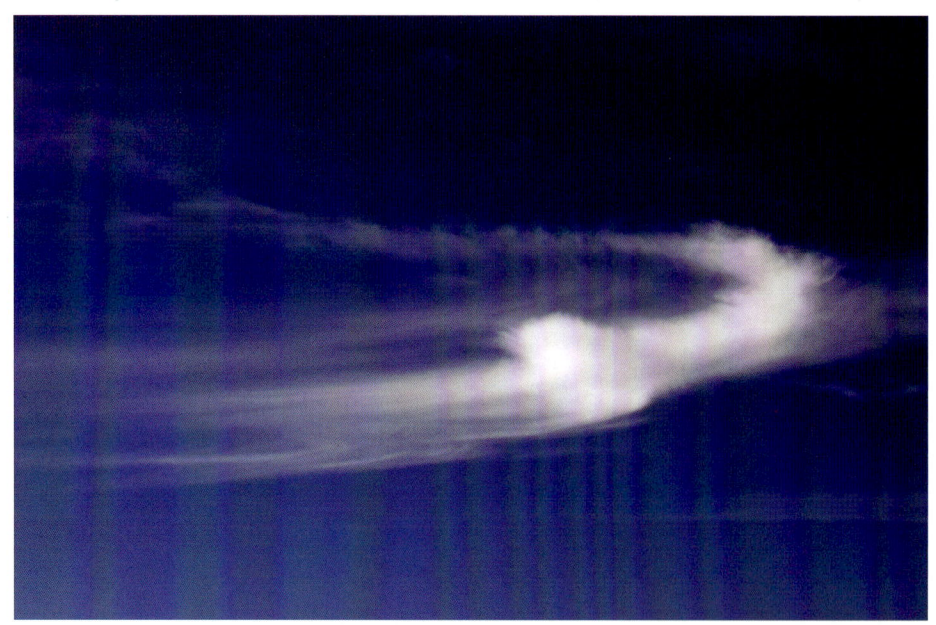

钩卷云　李壹军/摄

　　图中的钩卷云形如龙虾，主体还有一些密卷云厚实、密实的特征，更显白亮。

钩卷云　视觉中国

　　图中钩卷云的尾巴是云体上端密实白亮部分撒落的细小冰晶而形成的。这主要是因为高低空风速有差异而撕扯出了丝缕状，如同河里摇曳的水草。

钩卷云　戴云伟/摄

　　图中钩卷云正在向毛卷云过渡，但还可看出钩状特征，就好似小朋友的涂鸦画。

如何识云——高云

伪卷云

第一印象	云体密实白亮，边缘有丝缕结构，成分很像后面要讲到的密卷云，都是冰晶构成的云。这种结构的云是小范围大气热对流的产物；而其他的卷云（钩卷云、毛卷云、密卷云）多是大范围天气系统最高端、最外围分布着的云，伪卷云名字前的这个"伪"字就是要标明伪卷云和其他卷云不一样。另外，有些国家将伪卷云并入密卷云。
天气预兆	预示着强对流接近尾声，大气趋于平静。
降水情况	无降水。
形成原因	鬃积雨云后劲不足，顶部的冰晶鬃毛或砧状云头脱离母体飘移而成。
演变规律	鬃积雨云衰弱演变而来。
云底高度	4500~10000米
所在族属	高云族、卷云属
云体组成	小冰晶
个性标签	"冒牌"的卷云

伪卷云　李壹军／摄

图中右上侧的云为伪卷云，该云所属的积雨云主体已经消散。而图的左侧还有一朵鬃积雨云。

伪卷云　李壹军／摄

图中的伪卷云看上去有点像密卷云，因此云为积雨云主体的中下部已经垮塌消散，而顶部依然残留所形成。伪卷云名字的言外之意是还有"真"卷云。"真"卷云指的是密卷云、毛卷云、钩卷云这些能指示天气系统到来的卷云，而伪卷云与天气系统的关系不大。

如何识云——高云

伪卷云　李臺军 / 摄

　　图中鬃积雨云的主体已经垮塌，其鬃毛状顶部却保留完好。此图拍摄于台湾玉山气象站。玉山可谓是观云的好去处，在夏季可以经常观测到伪卷云。

伪卷云　李臺军 / 摄

　　图中鬃积雨云的主体正在垮塌，其鬃毛状顶部开始飘离。这些冰晶云在阳光的映衬下熠熠发光。

扫码观云

 毛卷云

第一印象	俗称"游丝云"。云体洁白、透亮,如毛丝般的云,有条状、羽毛状、翅膀状、马尾状等轮廓外形。有时小如一片羽毛,有时会展现出大鹏展翅、龙飞凤舞、孔雀开屏一般有阵仗的画卷。
天气预兆	在冷空气到来前,水汽充沛的时候出现毛卷云,就预示着风雨将至;如果水汽供应不足,毛卷云就只是"浮云"。北京民谚"丝云连三天,必有风云现",江西民谚"日落鸡毛云,半夜三更听雨声"说的都是这种云。
降水情况	没有降水。
形成原因	密实的冰晶云在多变的大风吹拂下形成。
演变规律	由密卷云演变而来。
云底高度	4500~10000米
所在族属	高云族、卷云属
云体组成	小冰晶
个性标签	美轮美奂的云

如何识云——高云

毛卷云　视觉中国

　　图中的毛卷云，由厚实的密卷云在高空风吹散下形成各种毛状结构。有的像凤凰展翅，有的像孔雀开屏，引起人们无穷的遐想。

毛卷云　戴云伟／摄

　　图中的毛卷云，一般出现在天气系统到来之前，与钩卷云所指示的天气意义相似，都表示未来12~24小时将会有天气系统过境。如果水汽供应充沛，会相继演变出高层云、雨层云，进而出现雨雪。

毛卷云　戴云伟/摄

　　图中的毛卷云像孔雀开屏，底部还有一些密卷云。

毛卷云　史学丽/摄

　　毛卷云多由密卷云演变而来，往往与密卷云同时出现在天空。左上大部分为毛卷云，右下部分密实的云为密卷云。

如何识云——高云

密卷云

扫码观云

第一印象	密卷云多为孤立分散、白亮、密实的云块。云的边缘部分丝缕形状十分明显,有时在密卷云的下部会悬有云幡。密卷云是卷云中最厚实的云。
天气预兆	预示着变天在即,如果本地湿度很大就会出现谚语中"天上扫帚云,一两天内雨淋淋"的现象。
降水情况	一般无降水。
形成原因	由高空中的大气对流运动形成。
演变规律	可演变为毛卷云、钩卷云。
云底高度	4500~10000米
所在族属	高云族、卷云属
云体组成	小冰晶
个性标签	高云中最厚实的云

密卷云　戴云伟 / 摄

　　前面提到，密卷云是高空大气对流形成的云，与低空单纯由热对流形成的淡积云不同，高空对流还与风的垂直差异有关。摄于中国气象局大院。

密卷云　李壹军 / 摄

在夕阳的余晖下，图中的密卷云就像一只金色的螃蟹。这种云是风雨天气的"消息树"，传递着天气系统即将到来的信息。

密卷云　戴云伟 / 摄

　　当高空气层相当潮湿、大气扰动对流作用很强时，会形成这种很厚实的密卷云。在强风的吹动下，密卷云会呈现为带状、条状。

密卷云　戴云伟 / 摄

　　图中白色的密卷云呈长条形，平行排列在高空，边缘毛丝般纤维结构清晰可辨。

如何识云——高云

123

薄幕卷层云

第一印象	蔚蓝的天空被蒙上一层薄纱,有一种似有似无、月朦胧鸟朦胧的意境。薄幕卷层云是最低调的云,有时候只有借助日晕、月晕才能证明它的存在。
天气预兆	变天的信号之一。预示着风雨天气将在未来12~24小时出现。谚语"日晕三更雨,月晕午时风"说的就是薄幕卷层云。
降水情况	无降水。
形成原因	冷空气到来前,高层气流整层抬升形成。
演变规律	由卷云演变而来,有可能继续演变为毛卷层云。
云底高度	4500~8000米
所在族属	高云族、卷层云属
云体组成	六棱柱状冰晶
个性标签	最易忽略的云　最不起眼的云　最擅隐身的云中高手

薄幕卷层云　视觉中国

图中除了右下部分有少许层积云外，整个天空有些发白，看似无云。其实，这发白的薄层就是行事低调的薄幕卷层云。

如何识云——高云

观云识云

薄幕卷层云　视觉中国

　　图中可以看到，当薄幕卷层云罩在日月之上，由于冰晶的折射作用就会在太阳、月亮周围形成一个环状的"晕"。所以，晕圈是证明薄幕卷层云存在的方法之一。

薄幕卷层云　戴云伟 / 摄

　　蔚蓝色的天空,被薄幕卷层云蒙上了一层薄纱。这就是不起眼的薄幕卷层云,仿佛有高超的"隐身术"。

薄幕卷层云　戴云伟 / 摄

　　图中看似无云,实际上云就在天空。因为薄幕卷层云太薄,似有似无,很容易让人忽略。

如何识云——高云

毛卷层云

扫码观云

第一印象	毛卷层云的游丝漫天飞舞，相互交错，"剪不断，理还乱"。它是很稀薄的层状云，与薄幕卷层云相比，丝缕结构十分明显。
天气预兆	通常是变天的前兆，出现后的12~24小时有可能会逐渐阴天。如果再有充沛的水汽，就有可能形成雨雪天气。
降水情况	无降水。
形成原因	薄幕卷层云中的一些卷云被风吹乱而形成。
演变规律	常由薄幕卷层云演变而来，并可能加厚为透光高层云。
云底高度	4500~8000米
所在族属	高云族、卷层云属
云体组成	小冰晶
个性标签	云的简笔素描

毛卷层云　李臺军 / 摄

　　毛卷层云中有交叉的丝缕状纹理。这表明有两层的毛卷层云存在。摄于台湾玉山气象站。

毛卷层云 赵勇 / 摄

　　毛卷层云和薄幕卷层云一样，都是由冰晶组成的层状云。当日月被它们笼罩时，也会在云幕上出现"晕"。摄于南极中山站。

如何识云——高云

毛卷层云　戴云伟 / 摄

　　图为出现在泰山上空的毛卷层云。在拍摄之前的几个小时里，天空中曾飘浮着毛卷云和密卷云。在天气系统带来的降水出现之前，天空一般会依次出现卷云、卷层云、高层云、雨层云。高层云和雨层云都是可以产生降水的云，所以，它们4个组合在一个地方先后出现就预示着降水即将到来；但当卷云、卷层云单打独斗或结伴出现的时候，并不会有降水，只是"浮云"而已。

毛卷层云　戴云伟 / 摄

毛卷层云常会布满整个天空。图中云体厚薄不均，丝缕结构隐约可见。

卷积云

扫码观云

第一印象	卷积云的云块很小，云通体白亮，边缘有纤维状的纹理。也称"鱼鳞天"，有时候也像水面泛起的层层涟漪。因为高空风大，卷积云多是昙花一现，转瞬即逝。卷积云常和卷云结伴出现。
天气预兆	预示天气将变，并可能将出现风雨天气。农谚"鱼鳞天，不雨也风颠"即指这样的天气。
降水情况	无降水。
形成原因	处在衰退阶段的卷云或卷层云在重力波动的作用下形成。
演变规律	由卷云或卷层云演变而来，并可继续演变为高积云。
云底高度	4500~8000米
所在族属	高云族、卷积云属
云体组成	小冰晶
个性标签	昙花一现　　空中涟漪　　晴空微澜

如何识云——高云

卷积云　赵勇 / 摄

　　卷积云是很能反映天气系统动向的云，特别是大范围的卷积云更有预报参考意义。故有谚语"鱼鳞天，不雨也风颠"。该谚语中"鱼鳞"指小片的鱼鳞。如果看上去像大片的鱼鳞，则是透光高积云了。谚语"天上鱼鳞云，地下晒死人"说的是透光高积云。

卷积云　视觉中国

　　图中上部分的云为卷积云。由于风大,卷积云寿命很短,有些部分的波纹已经开始消失。所以,在拍摄卷积云时,最好看到就拍。如果纠结于角度构图,可能就会错失良机。

卷积云　史学丽／摄

　　图中卷积云的高度约5500米，细小波纹清晰，很像轻风吹过水面所引起的涟漪。

卷积云　霍云怡／摄

　　图右侧为波状的卷积云。卷积云的波状看上去很细小，主要是因为卷积云高度较高，云底高度一般在5000米以上。

后记

得益于编写"云知识探秘科普丛书",近30年学习到的相关知识与积累起来的经验,终于在两年内整理完成。由于时间仓促,能力有限,总结的可能不是那么尽善尽美。不过,这也无法掩盖云的魅力。云的知识丰富有趣,很感谢各位能抽出宝贵的时间一读,感恩能与各位读者分享。

气象观测是气象业务中最基层的一线工作,相对艰苦,也没有想象中的那么高科技、"高大上",甚至很多时候就是日复一日的反复。笔者当年大学毕业后,第一份工作就是被分配到基层气象台站做一名地面气象观测员。实话说,地面观测有多大的意义,那时的我还没有心思和心情去想。接受了那份工作,就如同你行走在荒原中,突然有人将一个婴儿强塞到你手里,没办法,你就得呵护好。时至今日,笔者还经常做两个噩梦:一个是梦到高考该交卷了,一看自己的试卷几乎白纸;另一个是梦到自己正是玩兴未尽时,却忘记了按时去气象观测场观测或者忘记了编发电报。难忘当年略显枯燥的岁月,但更难忘的是那些年气象台站的同事们,除了给我专业的指引,更是给我关爱,指引我成长。每年的端午节,我的宿舍门前总是挂满了各家的粽子,然后我就像得了宝贝一样骑自行车送回几十里(1里=500米)外的老家,让父母尝尝。他们的朴实和坚守,让我懂得要耐得住寂寞,潜心研究。今日,能成就此书,很大程度上得益于那段难忘的时光。本丛书中介绍的记云"秘诀"、"卷高层积雨"等,就是笔者当年做气象观测员工作时就开始的归纳总结。

观测员的阅历增加了云知识的积累,也让我形成了借"云"思考的习惯。特别是做了短期天气预报员后,我常常会在给出当天的天气预报结论之前去室外观察一下云的状况,用更丰富的手段给飘忽不定的思绪增加更多预报依据。

2018年笔者有幸为一支登山队攀登世界最高峰——珠穆朗玛峰提供了气象保障。登山队于2018年5月16日成功登顶。在这次活动中有9人成功登顶,随队向导卡米·瑞塔·夏尔巴(Kami Rita Sherpa)更是刷新了个人22次成功登顶珠穆朗玛峰的世界纪录。关娴和王银龙这对情侣携手攀登,举行了一场世界之巅的求婚仪式。在这次预报服务中,笔者正是通过观察珠峰大本营发回来的云的相片作为预报的补充,才得以圆满地完成了气象服务保障任务。

都说"不忘初心，方得始终"，而更难得的是下一句，"初心易得，始终难守"。很感谢自己做地面气象观测员的日子，平凡的人、波澜不惊的日子，让笔者在不经意间遇到最难得的美好。而这份美好一直以来都在激励着笔者，未来也将坚持下去。"云知识探秘科普丛书"的《知云解云》《奇云异彩》也将很快与读者见面，希望各位气象爱好者能喜欢。谢谢大家！

戴云伟

2018年11月于北京